Handmade Life Series

童話森林の可愛刺繡

500 款刺繡圖案，繡出清新的日雜風格衣著

CONTENTS

融入生活中
單一的刺繡圖案 ⋯⋯⋯⋯⋯ 4

PART 1

單一的刺繡圖案   15

CONTENTS 頁的刺繡作品 ❖ 荒木聖子 (P.68-69)

融 入 生 活 中
單一的刺繡圖案

將喜愛的圖案繡在心愛的小物上吧！
光繡上一個圖案，心情想必也會跟著暖起
來哦！

包釦

先從簡單的包釦開始吧！
繡上一個小小的圖案，就
能搖身一變，成為很有特
色的作品！製作大量的包
釦，感覺就像搜集寶石，
樂趣多更多！
（香草圖案→P.32-33／英
文字母圖案→P.84-85）

design ／ making ✤ madoka（香草包釦）
design ／ making ✤ 荒木聖子（英文字母包釦）

午餐墊&杯墊

每天用來點綴餐桌的午餐墊和杯墊。在角落上繡上精巧的刺繡圖案,打造風格獨特的餐桌!(圖案→P.32-33)

圍巾

圍巾上繡的是美食家熊先
生。在口袋上也繡上麵包
的圖案，讓下廚的心情更
開心哦！

（圖案→P.53）

design／making ✿ mopsi

小包包

在簡單的小包包正中央繡
上特別的勳章，說不定會
引起「包包是在哪家店買
的呢？」的熱烈討論哦！
（圖案→P.68）

design／making　荒木聖子

手帕

在手帕的角落上，繡上專屬
的姓名吧！英文字母會不經
意地替物品增添風采。
（圖案→P.88）

design／making ✤ EarlGra

面紙盒

在素雅的面紙套上繡上可
愛的圖案，作為屋內的重
點擺飾哦！不只盒子的側
面，開口處也繡上圖案
吧！抽面紙時也會讓人會
心一笑呢！
（圖案→P.70）

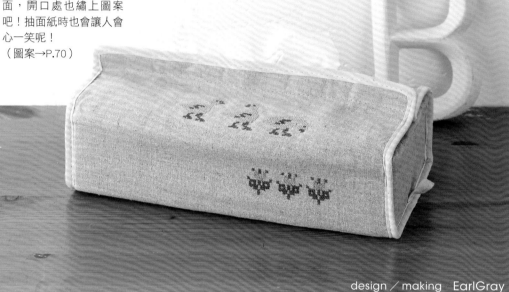

design／making　EarlGray

收納箱

放毛巾箱子的正面，長滿
了一整條的鈴蘭花哦！正
中央療癒小兔，讓人忘卻
收納的辛勞。
（圖案→P.40）

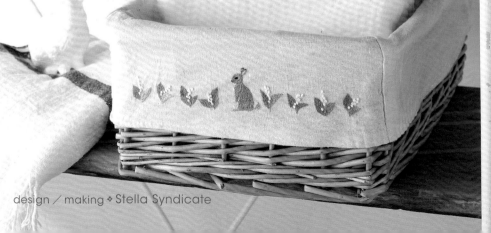

design／making ✦ Stella Syndicate

嬰兒用品

可愛的小嬰兒身上穿著幸運
的刺繡圖案，顯得更令人憐
愛。作為禮物送人，對方想
必也會很高興。
（圖案→P.80／其他的圖案
→P.65）

design × making ✽ tappi

托特包

在造型簡單的托特包口袋上，繡
上自己喜歡的刺繡圖案吧！
出個門，心情也會變得很愉悅！
（圖案→P.52-53）

design／making ✤ mopsi

帽子
單單繡上蒲公英的圖案,就
能夠讓素面的帽子呈現出雅
致的印象。在市售的成品上
刺繡,就能演繹出自我獨特
的風格!
(圖案→P.37)

design／making ✤ kawazoe miho

襯衫的衣領

穿上沒有口袋單調的白襯衫,務必在衣領上繡一圈刺繡。替衣領上色的紅色果實,讓襯衫變成服裝中的主角囉!

(圖案→P.36-37)

design / making ✤ kawazoe miho

布章

小朋友穿的罩衫和刺繡布章非常搭哦!可用熨斗燙至衣服上的羊毛氈,和刺繡的布黏貼在一起,可愛的布章一定會讓孩子笑開懷的!

(木馬的圖案→P.61/貓頭鷹的圖案→P.44)

design / making ✤ シマヅカオリ

Column

運用創意替可愛加分！！

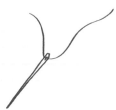

單一刺繡圖案，更加可愛的祕訣

　　設計許多可愛的創意點子，刺繡作家「HAGIREIRO」小姐的作品令人看了不禁會心一笑。在刺繡物與刺繡的編排上多花點心思，即可呈現出精湛的作品哦！請各位一定要好好設計出獨創且饒富樂趣的刺繡創意哦！

從襯衫
露出臉來
的鱷魚

將口袋往下翻……

Hello!

吊在橫
條紋上
的樹懶

帆布鞋上有
秋刀魚!?

製作：HAGIREIRO
URL：http://www.hagireiro.com
簡介：以「療癒刺繡」為座右銘，製作、販賣手
繡的刺繡雜貨或衣服等作品。
※本頁的作品並未刊載在本書的圖案集中，敬請諒解。

PART

1

單一的
刺繡圖案

使用書中實物同等大小的刺繡圖案，就
能輕鬆享受刺繡的樂趣。或是配合想刺
的地方，將圖案放大縮小也OK！
創造屬於你獨特風格的作品吧！（圖案
的描摹方法請參考P.125）。

※每個主題都會在第一頁介紹完成的作品照片，次頁則
　介紹作品的圖案。圖案上註明了刺繡的名稱和繡線的
　色號。

※實際完成的作品與圖案可能會有些許差異，照片的顏
　色多少會影響到繡線呈現的顏色，敬請諒解。

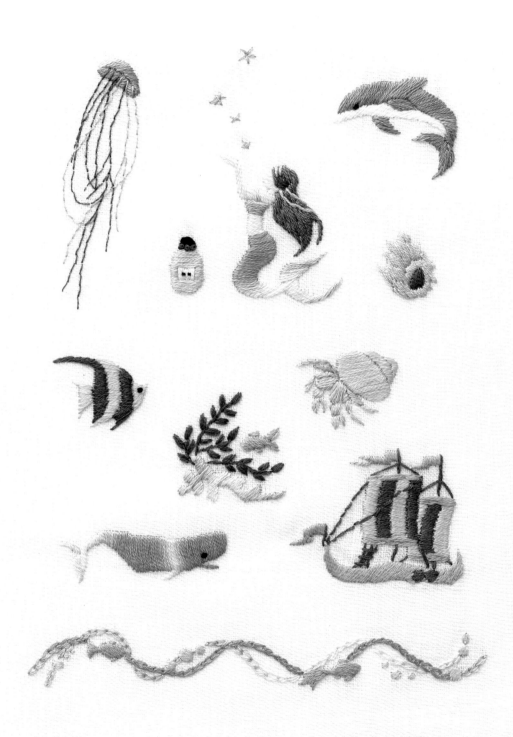

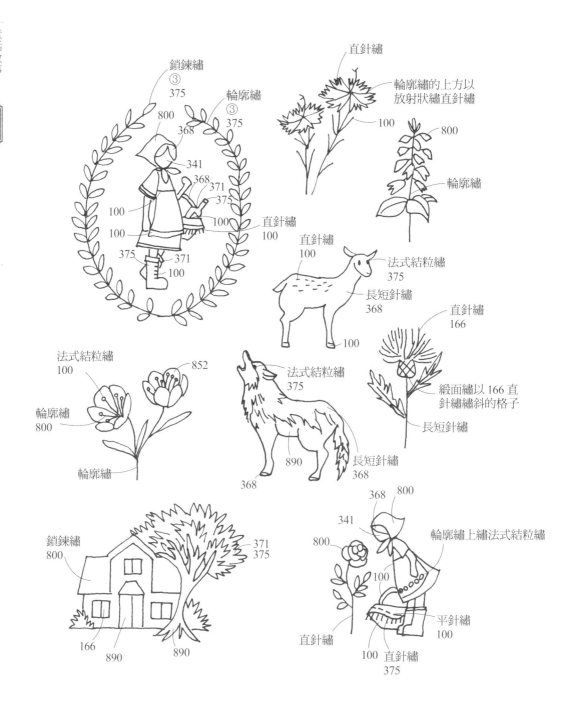

鎖鍊繡
③
375

輪廓繡
③
375

800

368

341

368

371

375

100

100

100

375

371

100

直針繡
100

直針繡

輪廓繡的上方以
放射狀繡直針繡

100

800

輪廓繡

直針繡
100

法式結粒繡
375

長短針繡
368

100

直針繡
166

緞面繡以 166 直
針繡繡斜的格子

長短針繡

法式結粒繡
100

852

輪廓繡
800

輪廓繡

法式結粒繡
375

890

長短針繡
368

368

鎖鍊繡
800

371
375

166

890

890

368   800

341

800

輪廓繡上繡法式結粒繡

100

平針繡
100

直針繡

100   直針繡
375

Photo ／ P.16 ｜除指定之外，皆為緞面繡、2 股線。○內為線的股數。數字是色號。
｜除指定的線之外，皆為 cosmo，除指定的顏色之外，皆為 371。

18

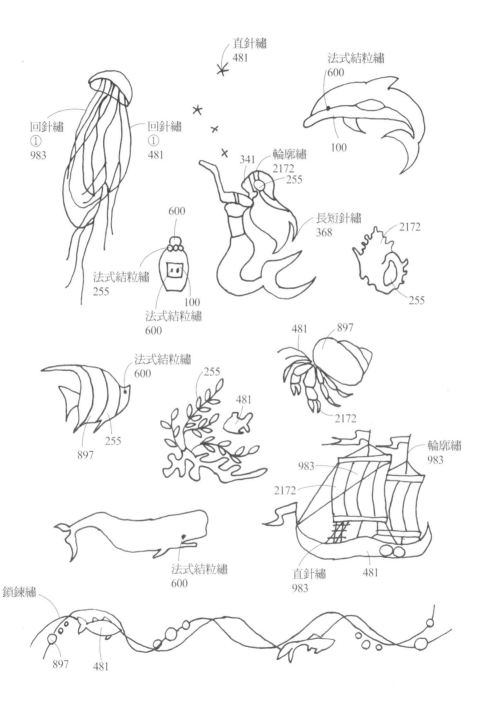

直針繡
481

法式結粒繡
600

回針繡
①
983

回針繡
①
481

341　輪廓繡
2172
255

100

600

長短針繡
368

2172

法式結粒繡
255

100

法式結粒繡
600

255

法式結粒繡
600

255

481

481　897

2172

輪廓繡
983

983

2172

481

897

法式結粒繡
600

直針繡
983

481

鎖鍊繡

897　481

Photo／P.17 │ 除指定之外，皆為緞面繡、2 股線。〇內為線的股數。數字是色號。
除指定的線之外，皆為 cosmo，除指定的顏色之外，皆為 8059。

19

Anne of
Green Gables

PRINCE
PRINCE EDWARD ISLAND
QUEENS KINGS

ANNE of
GREEN
GABLES

A APPLE
B BEE
C

design／making ✤ madoka

design ／ making ✤ シマヅカオリ

回針繡
414

726

827

746

平針繡
414

3825

輪廓繡
435

350

捲線繡
893

輪廓繡
ECRU

直針繡
①

回針繡
①
827

法式結粒繡

回針繡
①
813

輪廓繡
350

輪廓繡
825

727

法式結粒繡 825

414

414

輪廓繡
319

746

3828

輪廓繡
319

鎖鍊繡
727

666

727

666

813

3825

702

350

813

726

825

726

746

746

350

702

回針繡
702

746

350

350

ECRU

368

回針繡
368

893

727

Photo／P.24 除指定之外，皆為緞面繡、2 股線。○內為線的股數。數字是色號。
除指定的線之外，皆為 DMC。眼睛、嘴巴是直針繡。除指定顏色之外，皆為 310。

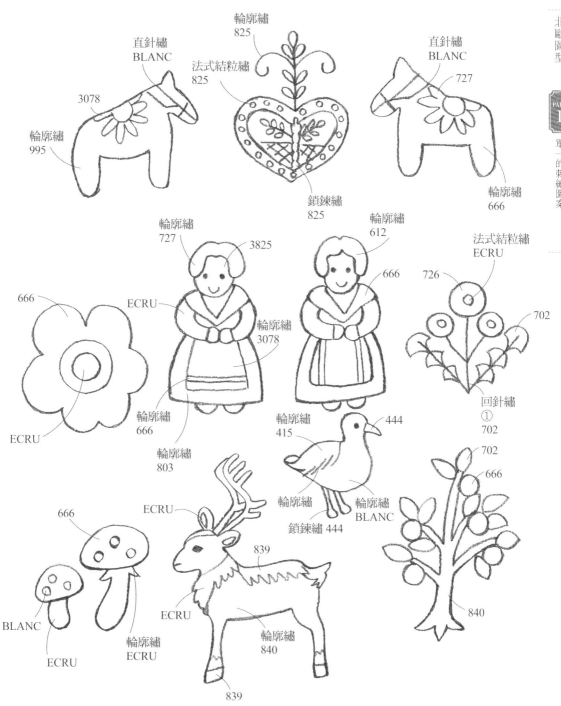

直針繡
BLANC

3078

輪廓繡
995

輪廓繡
825

法式結粒繡
825

鎖鍊繡
825

直針繡
BLANC

727

輪廓繡
666

輪廓繡
727

3825

輪廓繡
612

666

ECRU

輪廓繡
3078

輪廓繡
666

輪廓繡
803

法式結粒繡
ECRU

726

702

回針繡
①
702

666

ECRU

輪廓繡
415

444

輪廓繡
BLANC

鎖鍊繡 444

702

666

666

ECRU

839

ECRU

輪廓繡
840

702

666

840

BLANC

ECRU

輪廓繡
ECRU

839

Photo／P.25｜除指定之外，皆為緞面繡、2 股線。○內為線的股數。數字是色號。
除指定的線之外，皆為 DMC。眼睛、嘴巴是直針繡。除指定顏色之外，皆為 310。

design／making ❖ 堀內友紀

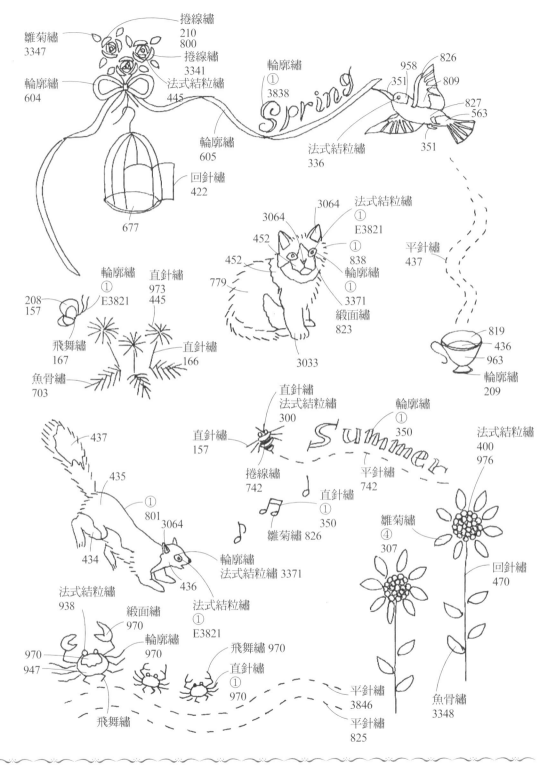

捲線繡
210
800

雛菊繡
3347

捲線繡
3341

法式結粒繡
445

輪廓繡
604

輪廓繡
①
3838

Spring

958 826
351 809
827
563
351

輪廓繡
605

法式結粒繡
336

回針繡
422

677

3064
3064
法式結粒繡
①
E3821
452
452
779
①
838
輪廓繡
①
3371
緞面繡
823

平針繡
437

輪廓繡
①
E3821
208
157

直針繡
973
445

飛舞繡
167

直針繡
166

魚骨繡
703

3033

819
436
963
輪廓繡
209

直針繡
法式結粒繡
300

直針繡
157

輪廓繡
①
350

Summer

法式結粒繡
400
976

捲線繡
742

平針繡
742

雛菊繡
826

直針繡
①
350

雛菊繡
④
307

回針繡
470

437

435

①
801
3064

434
436

輪廓繡
法式結粒繡 3371

法式結粒繡
①
E3821

法式結粒繡
938

緞面繡
970

輪廓繡
970

飛舞繡 970

970
947

直針繡
①
970

平針繡
3846

飛舞繡

平針繡
825

魚骨繡
3348

Photo ／ P.28 ｜ 除指定之外，皆為長短針繡、2 股線。○內為線的股數。數字是色號。
除指定的線之外，皆為 DMC。

30

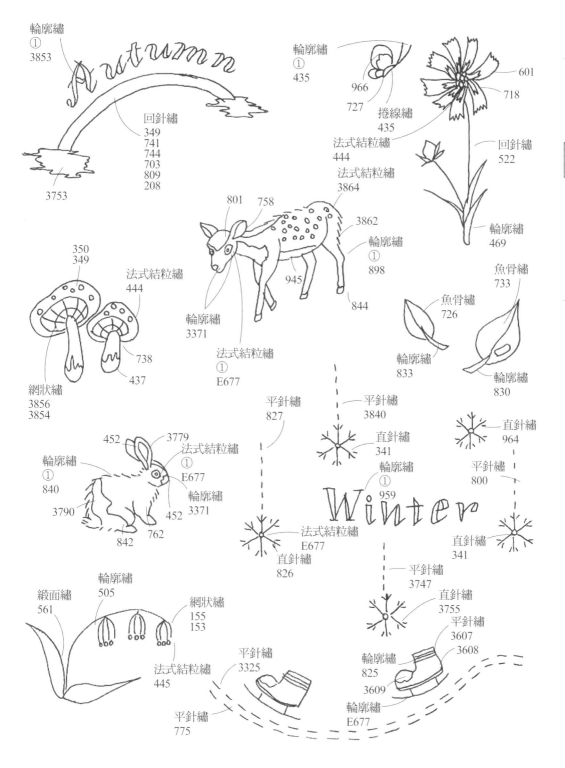

輪廓繡
①
3853

Autumn

回針繡
349
741
744
703
809
208

3753

輪廓繡
①
435

966
727

捲線繡
435

法式結粒繡
444

法式結粒繡
3864

601
718

回針繡
522

輪廓繡
469

801 758

3862

輪廓繡
①
898

945

844

魚骨繡
733

魚骨繡
726

輪廓繡
833

輪廓繡
830

350
349

法式結粒繡
444

738

437

網狀繡
3856
3854

輪廓繡
3371

法式結粒繡
①
E677

平針繡
827

平針繡
3840

直針繡
341

直針繡
964

平針繡
800

452 3779

法式結粒繡
①
E677

輪廓繡
①
840

輪廓繡
3371

452

3790

842 762

輪廓繡
①
959

Winter

法式結粒繡
E677

直針繡
826

直針繡
341

平針繡
3747

平針繡
3325

直針繡
3755

平針繡
3607
3608

輪廓繡
825

3609

輪廓繡
E677

緞面繡
561

輪廓繡
505

網狀繡
155
153

法式結粒繡
445

平針繡
775

Photo ／ P.29 | 除指定之外，皆為長短針繡、2 股線。〇內為線的股數。數字是色號。
除指定的線之外，皆為 DMC。

31

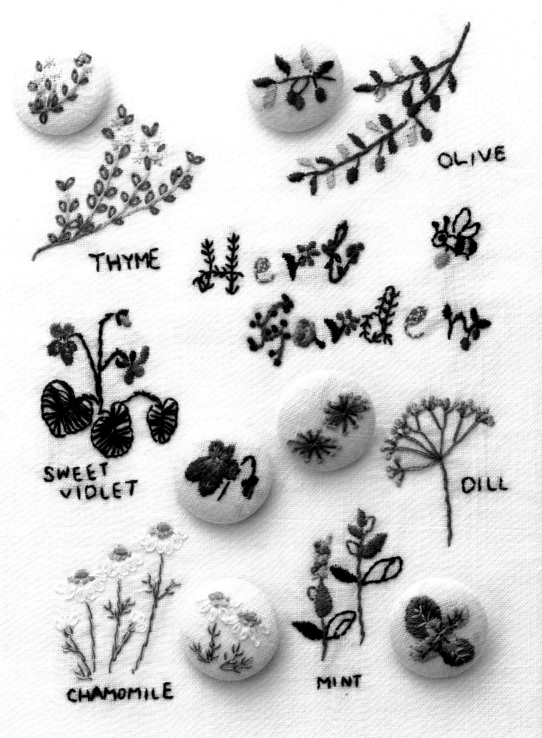

THYME

OLIVE

SWEET
VIOLET

DILL

CHAMOMILE

MINT

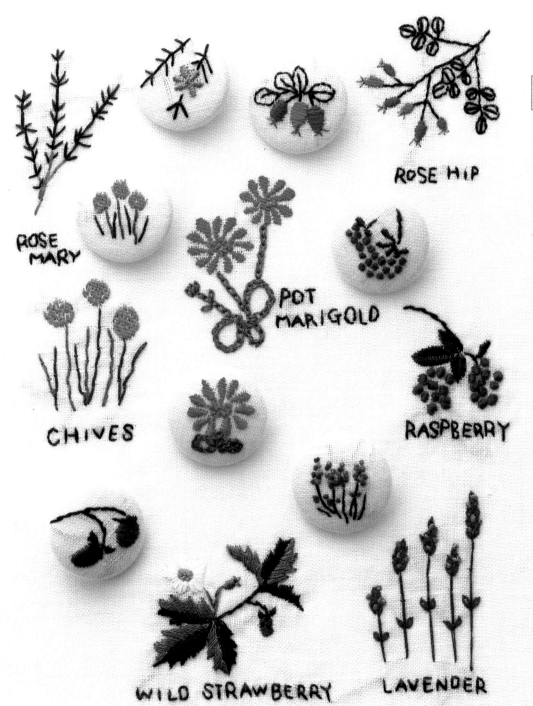

ROSE HIP

ROSE MARY

POT MARIGOLD

CHIVES

RASPBERRY

WILD STRAWBERRY

LAVENDER

design / making ✤ madoka

design／making ❖ kawazoe miho

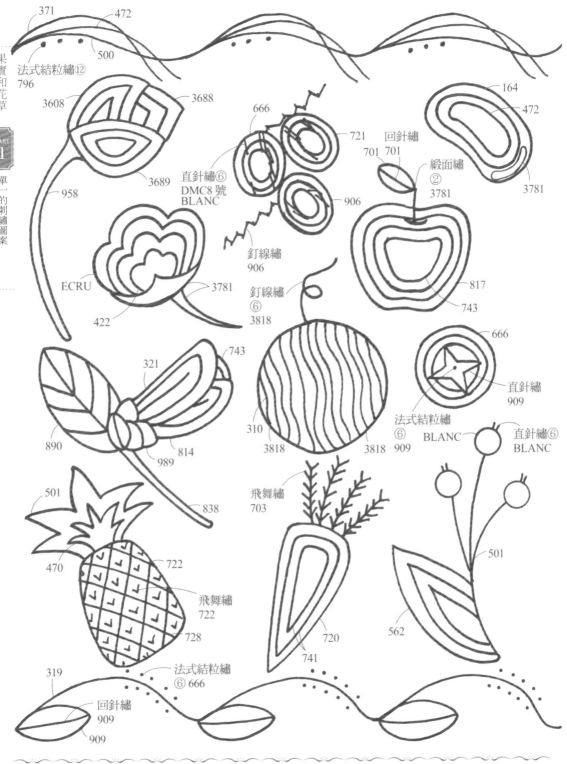

371 472 500
法式結粒繡⑫ 796
3608 3688
666 721
回針繡 701 701
164 472 3781
緞面繡② 3781
直針繡⑥ DMC8號 BLANC
3689 958 906
釘線繡 906
ECRU 3781
釘線繡⑥ 3818
817 743
422
321 743
310 3818 3818
666
直針繡 909
法式結粒繡⑥ 909 BLANC
直針繡⑥ BLANC
890 814 989
838
501 470
722 728
飛舞繡 722
飛舞繡 703
720 741
562 501
319
回針繡 909
909
法式結粒繡⑥ 666

Photo／P.36　除指定之外，皆為輪廓繡、3股線。○內為線的股數。數字是色號。
除指定的線之外，皆為DMC。

371
472
法式結粒繡⑫
796
500
鎖鍊繡
3834
法式結粒繡
⑥ 934
3781 ⑥
直針繡
3837
直針繡
⑥ 934
444
701
法式結粒繡
444
501
鎖鍊繡
3837
直針繡
554
895
444
法式結粒繡
701
890
816
720
飛舞繡
法式結粒繡
744
742
733
法式結粒繡
⑥ 733
815
895
緞面繡
② 702
905
702
349
緞面繡
②
3781
ECRU
法式結粒繡
⑥ 3822
797
602
333
469
605
210
釘線繡
501
562
815
501
3712
319
法式結粒繡
⑥
666
回針繡
909
909

Photo／P.37 ｜除指定之外，皆為輪廓繡、3 股線。○內為線的股數。數字是色號。
除指定的線之外，皆為 DMC。

39

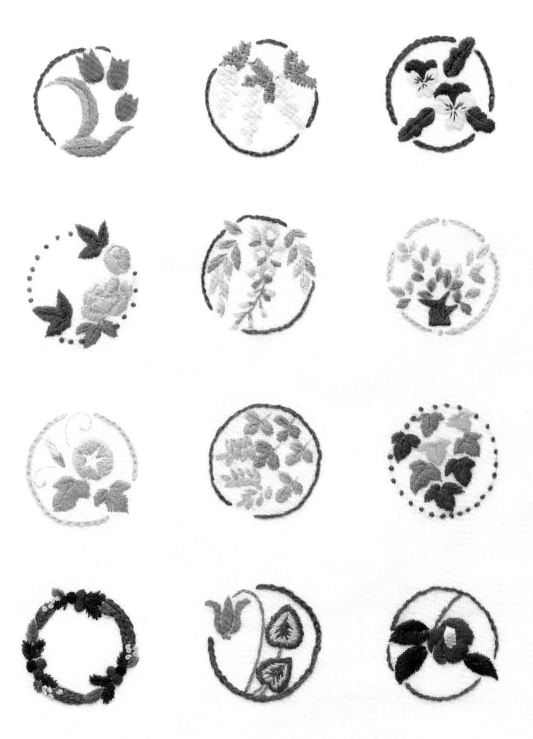

design／making ✤ Stella Syndicate

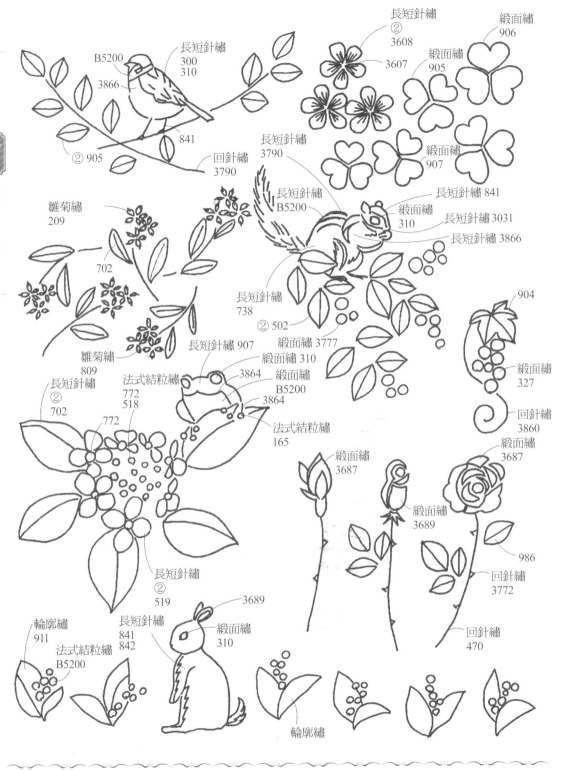

長短針繡
②
3608

緞面繡
906

3607

緞面繡
905

長短針繡
300
310

B5200

3866

緞面繡
907

長短針繡
841

長短針繡
3790

長短針繡
B5200

長短針繡 841

緞面繡
310

長短針繡 3031

長短針繡 3866

回針繡
3790

② 905

841

雛菊繡
209

702

長短針繡
738

② 502

緞面繡 3777

長短針繡 907

緞面繡 310

904

緞面繡
327

回針繡
3860

雛菊繡
809

3864

緞面繡
B5200
3864

法式結粒繡
165

法式結粒繡
772
518

長短針繡
②
702

772

緞面繡
3687

緞面繡
3687

緞面繡
3689

986

回針繡
3772

長短針繡
②
519

長短針繡
841
842

緞面繡
310

3689

回針繡
470

輪廓繡
911

法式結粒繡
B5200

長短針繡

輪廓繡

Photo／P.40 除指定之外，皆為直針繡、1股線。○內為線的股數。數字是色號。
除指定的線之外，皆為DMC，除指定顏色之外，皆為913。

42

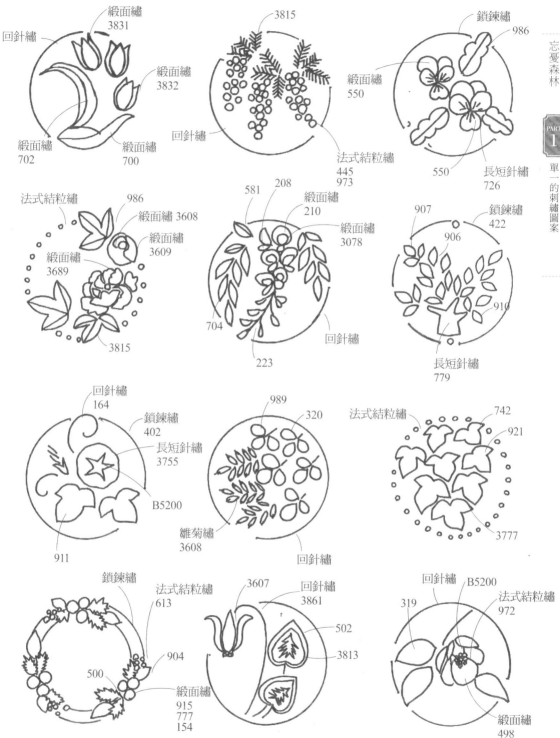

緞面繡
3831
回針繡
緞面繡
3832
緞面繡
702
緞面繡
700

3815
回針繡
法式結粒繡
445
973

鎖鍊繡
986
緞面繡
550
550
長短針繡
726

法式結粒繡
986
緞面繡 3608
緞面繡
3609
緞面繡
3689
3815

581
208
緞面繡
210
緞面繡
3078
704
223
回針繡

907
906
鎖鍊繡
422
910
長短針繡
779

回針繡
164
鎖鍊繡
402
長短針繡
3755
B5200
911

989
320
雛菊繡
3608
回針繡

法式結粒繡
742
921
3777

鎖鍊繡
法式結粒繡
613
904
500
緞面繡
915
777
154

3607
回針繡
3861
502
3813

回針繡 B5200
319
法式結粒繡
972
緞面繡
498

Photo／P.41 | 除指定之外，皆為直針繡、1 股線。◯內為線的股數。數字是色號。
除指定的線之外，皆為 DMC，除指定顏色之外，皆為 779。

43

design ／ making ❖ シマヅカオリ

design ∕ making ✤ mopsi

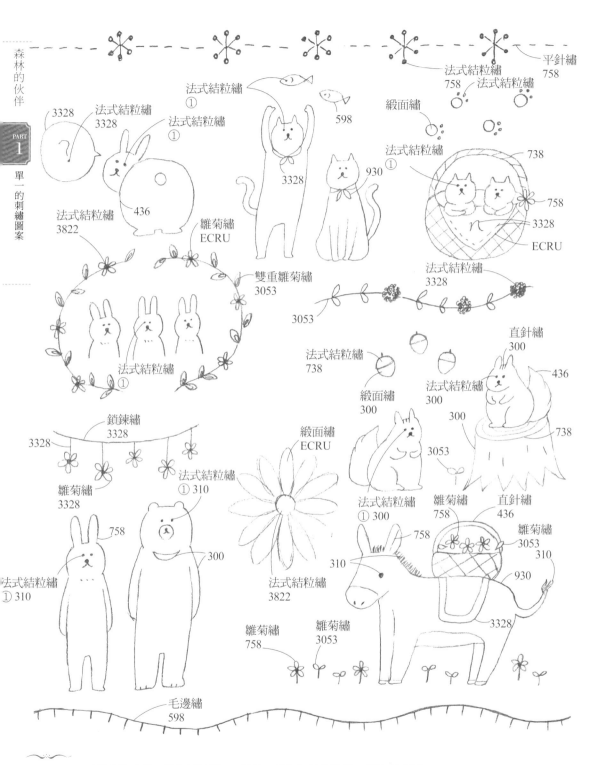

森林的伙伴

PART 1

單一的刺繡圖案

平針繡
758

法式結粒繡
758

法式結粒繡
①

法式結粒繡
①

法式結粒繡
758

緞面繡

738

598

3328

法式結粒繡
3328

法式結粒繡
①

3328

930

758

3328

ECRU

436

法式結粒繡
3822

雛菊繡
ECRU

雙重雛菊繡
3053

3053

法式結粒繡
3328

直針繡
300

436

738

法式結粒繡
①

法式結粒繡
738

緞面繡
300

法式結粒繡
300

300

3053

鎖鍊繡
3328

3328

緞面繡
ECRU

法式結粒繡
① 300

雛菊繡
758

直針繡
436

雛菊繡
3053
310

雛菊繡
3328

法式結粒繡
① 310

758

310

930

758

3328

法式結粒繡
3822

300

去式結粒繡
① 310

雛菊繡
758

雛菊繡
3053

毛邊繡
598

Photo ／ P.48 | 除指定之外，皆為回針繡、2 股線。○內為線的股數。數字是色號。
除指定的線之外，皆為 DMC。除指定顏色之外，皆為 938。

50

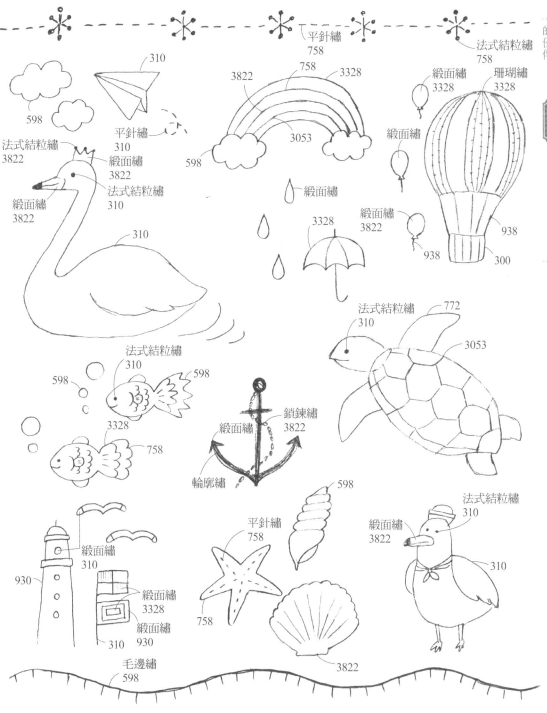

310

平針繡
758

758   3328
3822

法式結粒繡
758

緞面繡
3328

珊瑚繡
3328

598

平針繡
310

緞面繡
3822

法式結粒繡
310

緞面繡
3822

緞面繡
3822

3053

緞面繡

3328

緞面繡
3822

緞面繡
3328

938

938

300

310

772

法式結粒繡
310

3053

法式結粒繡
310

598

598

3328

758

鎖鍊繡
3822

緞面繡

輪廓繡

598

法式結粒繡
310

緞面繡
3822

310

緞面繡
310

930

緞面繡
3328

緞面繡
930

310

平針繡
758

758

3822

毛邊繡
598

Photo ／ P.49 │除指定之外,皆為回針繡、2 股線。○內為線的股數。數字是色號。
除指定的線之外,皆為 DMC。除指定顏色之外,皆為 938。

51

good night⋆

la la la〜♪♪

design / making ✤ mopsi

design／making ✤ シマヅカオリ

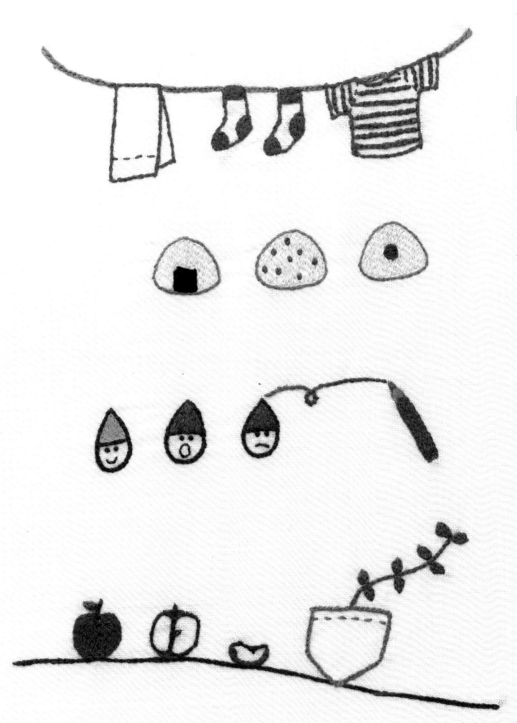

design／making ✤ tappi

design ／ making ✤ 荒木聖子

飛舞繡 3837　直針繡 3837　飛舞繡 3837　210　3837
210
518
法式結粒繡 518 745
745

210
3046
回針繡 351
鎖鍊繡 351
鎖鍊繡 351
鎖鍊繡 783
回針繡 783
長短針繡 3046
783
598
3770
回針繡 598
直針繡 728
回針繡 930
613　930
鎖鍊繡 728
回針繡 349

直針繡 3781
輪廓繡 3781
回針繡 351
緞面繡 341
長短針繡 3781
鎖鍊繡 817
直針繡 326
輪廓繡 930
回針繡 3837
緞面繡 728
350
3046
326

法式結粒繡 993
353　993
回針繡 993
輪廓繡 993
927
回針繡 930
930
800
3837

輪廓繡 792
長短針繡 817
Do Your Best.
792
輪廓繡 783
783
792

直針繡 351
L
緞面繡 927
回針繡 927
O
E
鎖鍊繡 351
V
472
501
回針繡 501
3713

Photo／P.68｜除指定之外，皆為緞面繡、2 股線。○內為線的股數。數字是色號。
除指定的線之外，皆為 DMC。

70

回針繡
930

613

長短針繡
326

326

930

直針繡
3837

輪廓繡
3837

法式結粒繡
3837

鎖鍊繡
3787

鎖鍊繡
353

法式結粒繡
993

351

直針繡
351

HELLO!

鎖鍊繡
350

輪廓繡
993

598

回針繡
3787

326

回針繡
3750
3770

747
210

807

3842

807

3842

平針繡
807

326

807

326

SEA

直針繡
807

326

法式結粒繡
839

783

728

807

783

回針繡
326

326

326

470

326

807

回針繡
326

839

P

783

728

回針繡
326

326

353

326

Photo ╱ P.69 ｜ 除指定之外，皆為緞面繡、2股線。○內為線的股數。數字是色號。
除指定的線之外，皆為 DMC。

71

design ／ making ✦ kawazoe miho

緞面繡
3790

緞面繡
3716

緞面繡
210

緞面繡
602

緞面繡
958

緞面繡
792 緞面繡
553

緞面繡
155

⑥
3790

回針繡
210

③
3688

雛菊繡
④ 948

直針繡
③
727

③
727

直針繡
⑥ 792

直針繡
⑥
3716

直針繡
⑥
602

直針繡
⑥
958

釘線繡
④ 948

①
948

雛菊繡
① 948

接針穿線繡
948

3845

③ 3855

緞面繡
948

892

直針繡
① 948

緞面繡①
948

緞面繡
817

直針繡
⑥ 3845

直針繡
⑥ 972

972

直針繡
⑥ 817

緞面繡
747

直針繡
⑥ 820

817

③
956

釘線格子繡
817

747

緞面繡
820

法式結粒繡
③

釘線格子繡
743

法式結粒繡
728

緞面繡
728

917
910
3779
817

緞面繡
972

捲線繡
956

緞面繡
956

緞面繡
3845

Photo ／ P.72 │ 除指定之外，皆為輪廓繡、2 股線。○內為線的股數。數字是色號。
除指定的線之外，皆為 DMC。

74

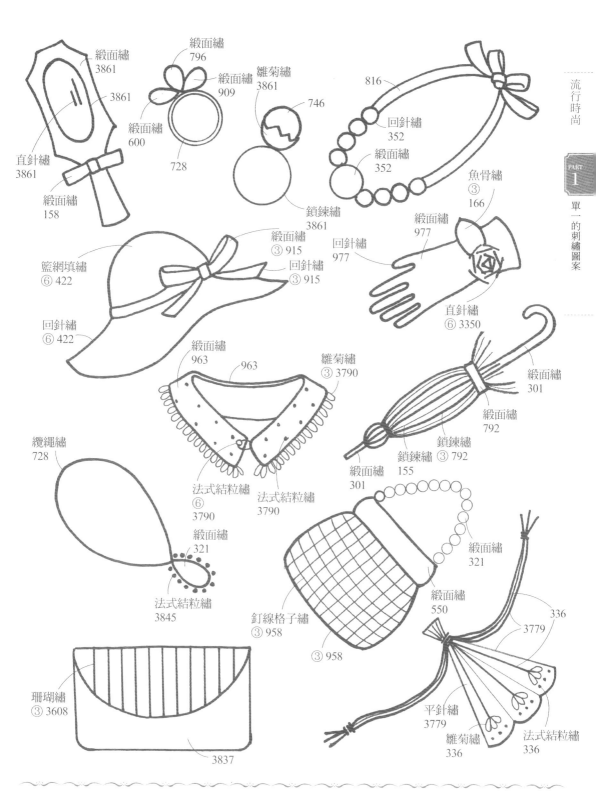

緞面繡
3861

3861

緞面繡
796

緞面繡
909

雛菊繡
3861

746

816

回針繡
352

緞面繡
352

魚骨繡
③
166

直針繡
3861

緞面繡
600

728

鎖鍊繡
3861

緞面繡
977

回針繡
977

緞面繡
③ 915

回針繡
③ 915

緞面繡
③
籃網填繡
⑥ 422

回針繡
⑥ 422

直針繡
⑥ 3350

緞面繡
963

963

雛菊繡
③ 3790

緞面繡
301

緞面繡
792

鎖鍊繡
③ 792

纏繩繡
728

法式結粒繡
⑥
3790

法式結粒繡
3790

鎖鍊繡
155

緞面繡
301

緞面繡
321

緞面繡
321

緞面繡
550

緞面繡
321

法式結粒繡
3845

釘線格子繡
③ 958

③ 958

336

3779

珊瑚繡
③ 3608

平針繡
3779

雛菊繡
336

法式結粒繡
336

3837

Photo／P.73 ｜除指定之外，皆為輪廓繡、2 股線。○內為線的股數。數字是色號。
除指定的線之外，皆為 DMC。

75

design ／ making ✦ EarlGray

Photo ／ P.76 │ 線皆為 DMC、2 股線。顏色依下列所述。
■ 931 ◢ 761 ⊡ 676

線皆為 DMC、2 股線。顏色依下列所述。

⊡ ECRU　◨ 938　◧ 779　▨ 3863　⊺ 3766　⑤ 921　& 435　▨ 729　⊟ 632　€ 676　✦ 742　◪ 434
■ 498　▨ 989　■ 469　◭ 335　■ 935　◢ 471　▨ 320　－ 962　▽ 3716　◨ 760　ᴇ 647　◐ 300

ONE   TWO   THREE

SEVEN   EIGHT   NINE

FOUR

FIVE

SIX

TEN

ELEVEN

TWELVE

design／making ❖ tappi

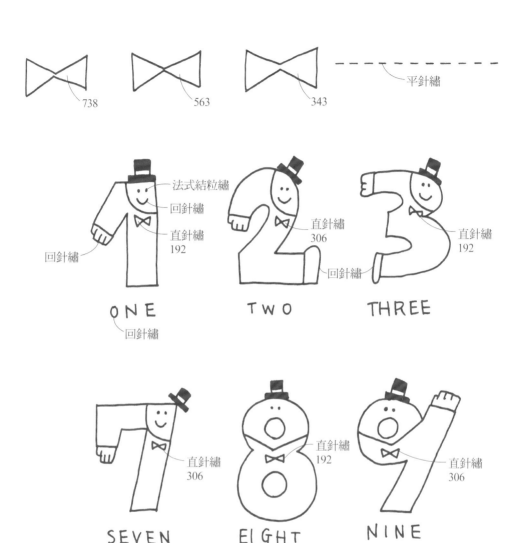

738　563　343　平針繡

法式結粒繡
回針繡
直針繡
192
回針繡
回針繡

直針繡
306
回針繡

直針繡
192

ONE　TWO　THREE

直針繡
306

直針繡
192

直針繡
306

SEVEN　EIGHT　NINE

平針繡

Photo ／ P.80 ｜ 除指定之外，皆為開放式鎖鍊繡、2 股線。○內為線的股數。數字是色號。
除指定的線之外，皆為 OLYMPUS。除指定顏色之外，皆為 900。

平針繡

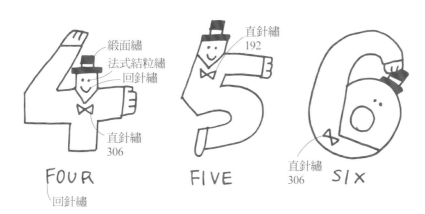

緞面繡
法式結粒繡
回針繡

直針繡
192

直針繡
306

直針繡
306

FOUR

FIVE

SIX

回針繡

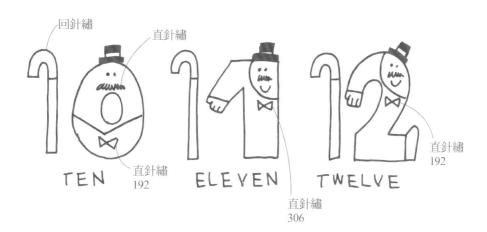

回針繡

直針繡

直針繡
192

直針繡
306

直針繡
192

TEN

ELEVEN

TWELVE

平針繡

③ 316

③ 738

③ 192

Photo／P.81

除指定之外，皆為開放式鎖鍊繡、2 股線。○內為線的股數。數字是色號。
除指定的線之外，皆為 OLYMPUS。除指定顏色之外，皆為 900。

83

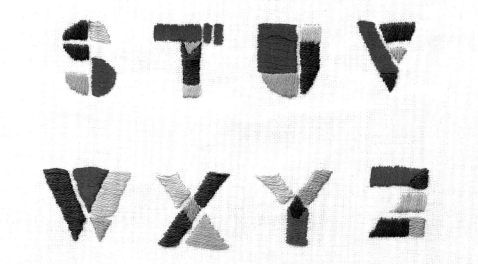

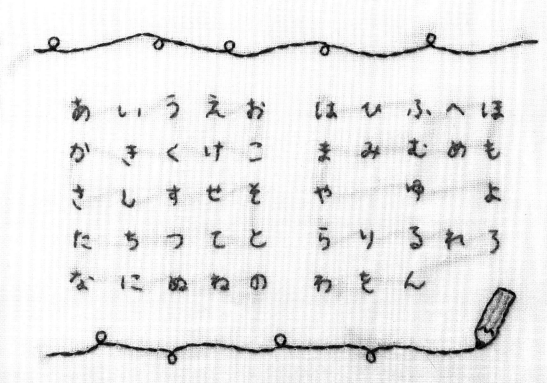

design ／ making ✣ 荒木聖子（英文字母）／mopsi（平假名）

Photo ／ P.84

除指定之外，皆為緞面繡、2 股線。○內為線的股數。數字是色號。
除指定的線之外，皆為 DMC。

86

回針繡
938

回針繡
930

あ　い　う　え　お　　は　ひ　ふ　へ　ほ
か　き　く　け　こ　　ま　み　む　め　も
さ　し　す　せ　そ　　や　　ゆ　　よ
た　ち　つ　て　と　　ら　り　る　れ　ろ
な　に　ぬ　ね　の　　わ　を　ん

釘線繡
3053

938

Photo ／ P.85 ｜ 除指定之外，皆為緞面繡、2 股線。○內為線的股數。數字是色號。
除指定的線之外，皆為 DMC。

87

A B C

D E F G H

F J K L M

N O P Q R

S T U V W

X Y Z

Bienvenue

❀

abcdefghij

klmnopqrs

tuvwxyz

K L M N Y

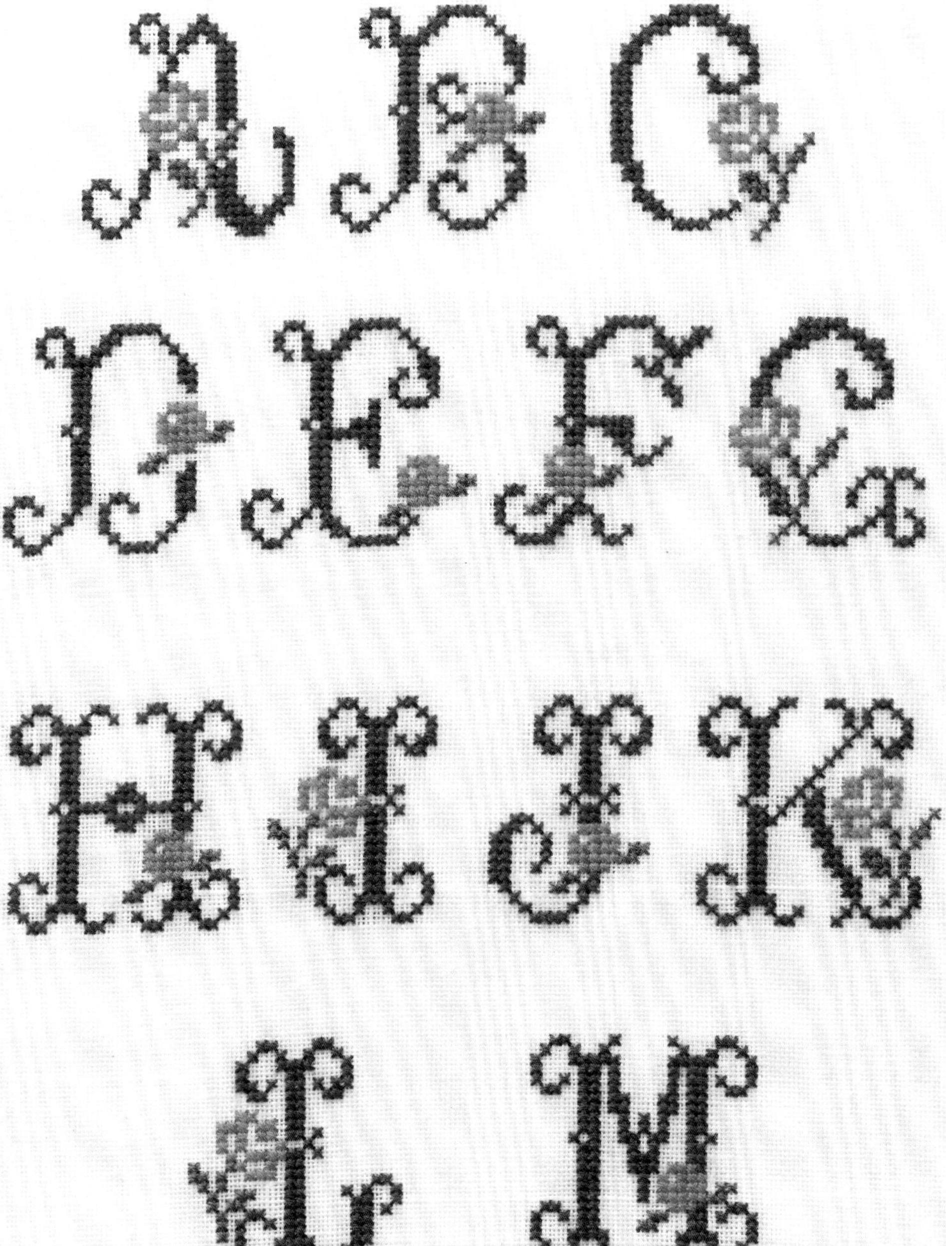

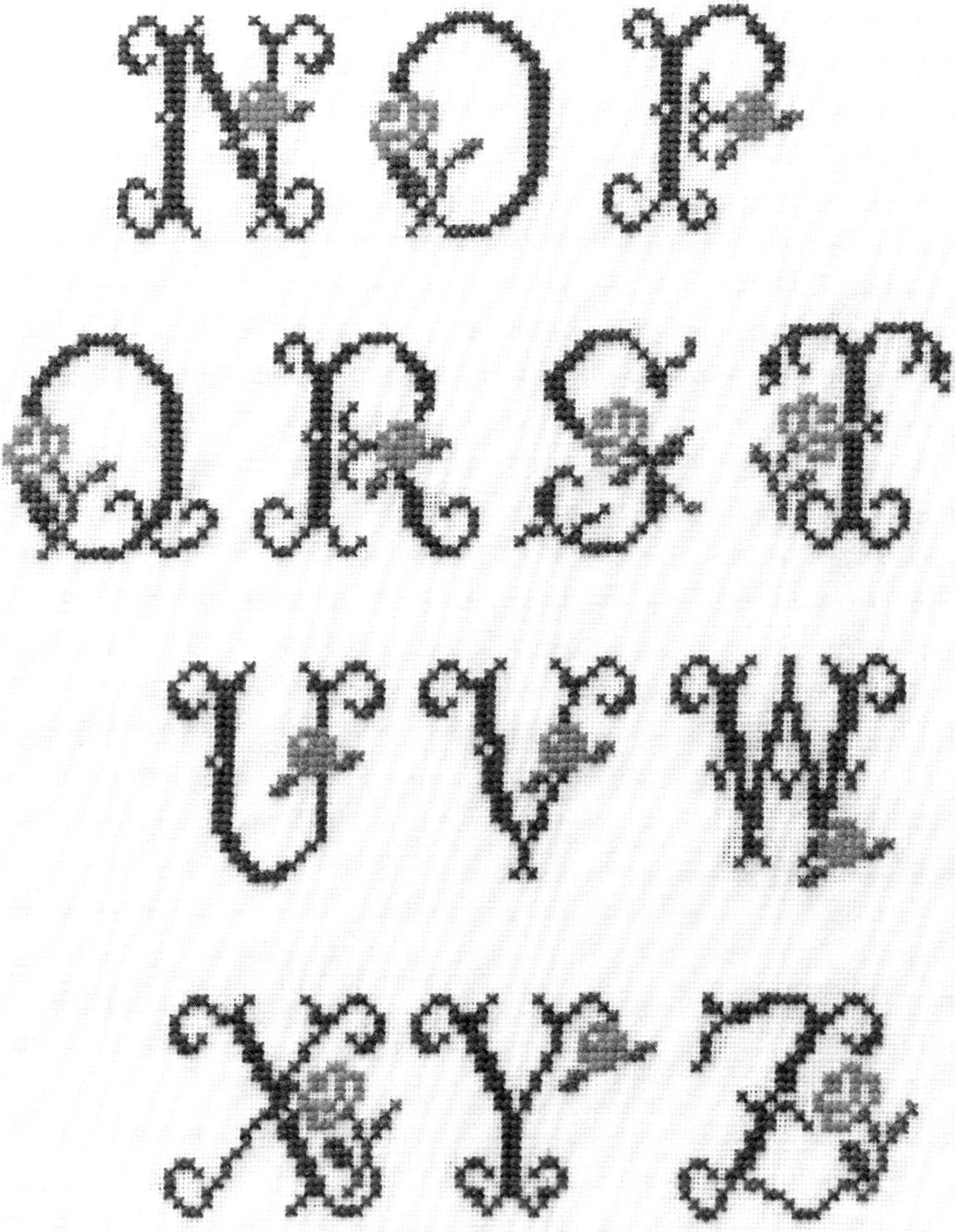

design ／ making ❖ EarlGray

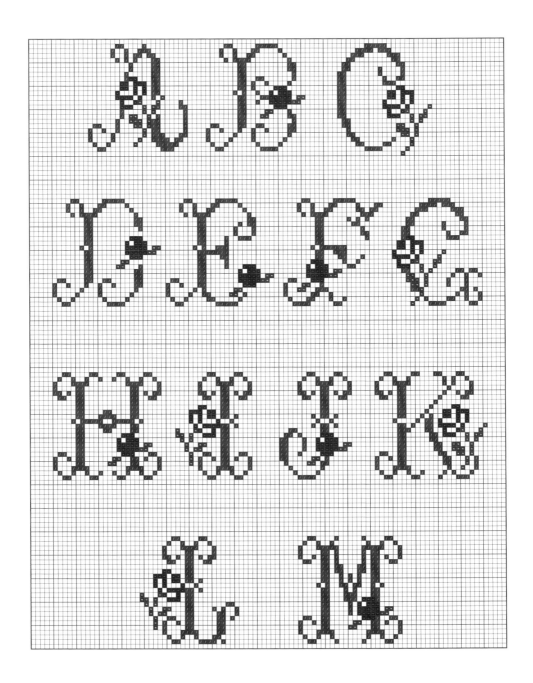

Photo ／ P.92 線皆為 DMC、2 股線。○內為線的股數。顏色依下列所述。
930 ■ 3011 ▬ 3712

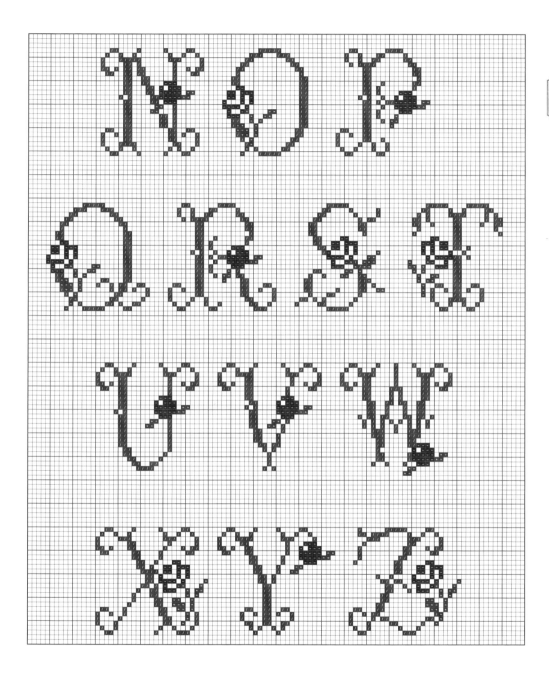

線皆為 DMC、2 股線。〇內為線的股數。顏色依下列所述。
930　3011　3712

跟圖案繡得不一樣也無妨哦！

繡出一個個可愛的圖案，才是手作的樂趣。

　　實際照著書裡的圖案刺繡，卻總是無法繡得跟書裡的照片一模一樣……相信很多人有這樣的煩惱吧？

　　如果目標是要繡得跟作家們一樣漂亮，當然必須要經過不斷的練習。不過，在這之前希望各位別忘記，刺繡是由你獨特的個性所形塑出來的。一針一針地運用針與線的相互結合，繡出動物或花草，刺繡就像形塑出具體的形狀。

即使失敗也不用拆掉

　　舉下方的刺繡例子來說，即使出自同一位作家的作品，也看得出兔子的毛有點不一樣吧。就算是同一個人來刺繡，也會因為當天的氣氛或狀態，而影響刺繡的氛圍。即使覺得作品「不喜歡」、「失敗了」，也不需要把線拆掉重繡。

　　繡到自己滿意為止，或試著接受當天的作品好好珍愛著，都沒有關係。最重要的是享受刺繡這件事哦！

即便是同樣的圖案，也會依當天的狀態而有不一樣的變化。

PART
2

刺繡的
基本知識

這部分介紹刺繡前該備齊的工具、收尾
的技巧等基本知識。把這些學起來，要
用時，就很方便哦！

針 *needle*

刺繡不可或缺的就是「繡針」。配合法式刺繡或十字繡等用途,備齊適合的繡針吧!

法式繡針

本書中除了十字繡的圖案以外,均使用法式繡針。法式繡針的號數是3～10,針號數字愈小針愈粗,數字愈大則愈細。可依布的厚度、布紋與線的粗度來選擇相應的針。

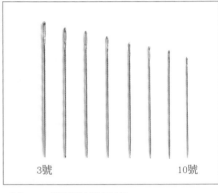

3號～10號繡針的長度

十字繡針

十字繡針的號數是19號～24號。十字繡針和其他的針不一樣,特徵是針尖呈圓頭狀。十字繡針跟法式繡針一樣,都是針號數的數字愈小針愈粗,愈大則針愈細。

❖ 針與線的對應標準

針的種類	針 號	股數
法式繡針	3	6股以上
	4	5～6股
	5	4～5股
	6	3～4股
	7	2～3股
	8	1～2股
	9、10	1股
十字繡針	19	6股以上
	20	6股
	21	5～6股
	22	3～5股
	23	2～3股
	24	1～2股

線 *thread*

刺繡線顏色很繽紛，光欣賞店裡的繡線心情就很好。只要學會線的配色方法，更能夠凸顯自己的個性哦！

【經常使用的是25號線】

　　刺繡線主要是5號線和25號線這兩種類型的線。如右圖所示，5號線是相當粗的線。25號線是由6股線捻成一條線的狀態。依所捻的股數，繡出來的感覺也會有所不同。繡線大都是純綿的，但也有金蔥線、亞麻線和被稱作羊毛絨繡線的刺繡用毛線。此外，線的顏色也超過400種，為了避免使用的繡線不夠的狀況，使用的線號記得事前購齊。

25號線1本
2本
3本
6本
5號線1本

各家製造商

本書作品主要使用的是25號線，代表性的刺繡線廠商從左至右依序是OLYMPUS、cosmo、DMC、FUJIX。也有向最右邊的soie et的系列一樣，漂亮的柔色線。

各種不同種類的布

100%麻

純麻刺繡布（cosmo）
本書所介紹的作品中，
除十字繡之外的布，全
使用這款布。

〈十字繡〉①

亞麻、DC67（DMC）
100%麻。本書的十字
繡作品使用的是這款
布。

100%棉

和麻一樣，適用於法式
刺繡。

〈十字繡〉②

十字繡棉布條（cosmo）
100％棉。繡十字繡
時，適用容易算布紋的
布。

繡框 *embroidery hoop*　也可以不使用繡框，但事先準備必要時就很方便。

【繡在拉平的布上】

繡框是將布拉平的工具。雖然不使用也無妨，但若使用繡框布紋就會清楚浮現，比較容易刺繡。若是單一的刺繡圖案，直徑10～12cm左右的框就足夠了。如果圖案比框大，則稍微把框移動來運針。在繡完的部分蓋上墊布，避免繡框弄壞刺繡圖案。

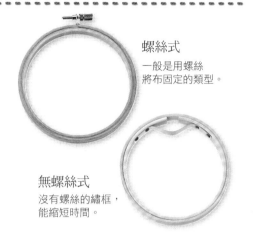

螺絲式
一般是用螺絲將布固定的類型。

無螺絲式
沒有螺絲的繡框，能縮短時間。

繡框的使用方式　※有螺絲的款式

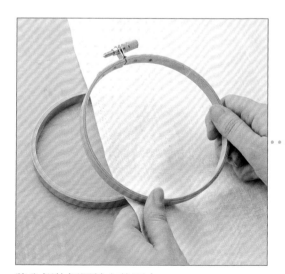

將內側的框置於布的下方
將螺絲轉鬆，把兩個框為1組的繡框拆掉，內側的小框置於布的下方。

將布夾緊拉平
像是將圖案放在布中心一樣，將布夾緊，一邊拉平、一邊扭轉螺絲。最後拉著周圍的布邊調整框內的平整度。

 *other tools*

方便好用的工具。這些並不是刺繡專用的,所以先檢查縫紉箱有沒有這些工具吧!

穿線器

繡線穿入繡針時,若有穿線器就很方便。

布剪

剪刺繡用的布時使用。手邊有一把銳利的布剪,就很方便。

線剪

使用於剪繡線時。由於線剪使用頻繁,選擇一把合手的線剪吧!

刺繡穿線器

繡線專用的穿線器(可樂牌)。比上面的一般穿線器堅固耐用。

轉印用鐵筆

在轉印紙上描摹圖案時使用。由於刺繡的圖案很精細,使用專用的鐵筆就能安心描摹。

插針包

刺繡針休息時使用。準備繡線顏色不同的針,運針時就很方便。

水消筆

直接在布上描繪圖案時使用,也能作為擦拭水消筆描圖案的記號。

轉印紙

將本書的圖案影印下來,然後把轉印紙放在布與紙之間,最後用鐵筆把圖案描摹至布上。

刺 繡 前 的 準 備

在事前稍作準備，最後的收尾就會很漂亮哦！

布最好先下水並熨燙過

刺繡前，布事先在水裡浸泡一小時，接著輕輕脫水晾乾。這道步驟稱為「下水」，是事先讓布縮水與燙平的工作。收尾時，在布半乾的狀態下，以熨斗燙過，調整布紋的直橫紋。最後再配合刺繡的作品大小裁剪布。

布邊縫起來

為避免裁布後的布邊鬆開，要把布邊縫起來。既然是防止布邊鬆開，就用粗縫線縫粗一點吧。以毛邊繡（P.117）的方式來縫即可！

復習的重點

刺繡的起繡與止繡

還不熟悉時，也可打球結

起繡或止繡時，線頭會稍微留多一點。將剩下的線穿過繡好的針腳裡，再作線的處理，線就不會纏在一起。還不熟悉這動作時，有可能會把線拉得太用力而穿出來，所以用一般手縫時打的玉結來處理線也可以。

起繡的線處理

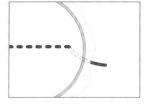

起繡是在布的背面留下5～6cm的線。運針時，線會固定在布上。

止繡的線處理

[布的背面]

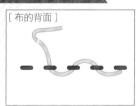

止繡時是將剩下來的線頭穿過針上，再鑽入針腳中。最後再把多餘的線頭剪掉。

如何收尾得更漂亮？

收尾時的熨燙很重要

　　刺繡時布都會皺起來。既然無法避免皺褶，就在最後的一道步驟時，用熨斗把布燙平整吧！不過，為了完整呈現法式結粒繡等立體刺繡的風格，熨斗要小心地熨燙。在作品上放上毛巾，再蓋上墊布來熨燙，就會很完美了。

收尾的訣竅

① 用濕棉花棒擦拭掉描線

　　熨斗燙過後，幾乎每個廠牌的水消筆都會定色在布上。所以熨燙前先把描線擦拭掉吧！直接洗布也無妨，細微的地方用濕棉花棒或右下方的照片中的專用水消筆擦拭也◎。

② 便利的商品也是一種方式！

　　把圖案描在左邊的黏貼式的「SMART PRINT轉印紙」（cosmo）上後，再貼在布上運針。最後用水清洗，描線就會被洗掉。雖然中間的「はるはるキャバス」（轉印紙）的用法也一樣，而且都是方眼紙型，無論在哪種布料上都能輕易作十字繡。

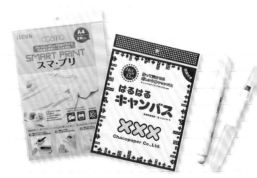

PART

3

各種
刺繡技巧

以下介紹刺繡所使用的主要刺繡法

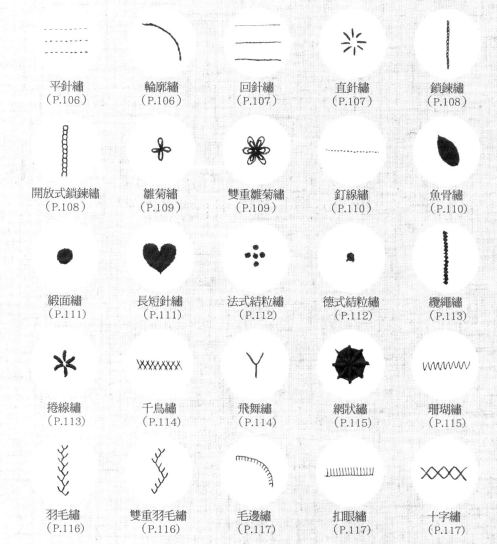

平針繡
（P.106）

輪廓繡
（P.106）

回針繡
（P.107）

直針繡
（P.107）

鎖鍊繡
（P.108）

開放式鎖鍊繡
（P.108）

雛菊繡
（P.109）

雙重雛菊繡
（P.109）

釘線繡
（P.110）

魚骨繡
（P.110）

緞面繡
（P.111）

長短針繡
（P.111）

法式結粒繡
（P.112）

德式結粒繡
（P.112）

纏繩繡
（P.113）

捲線繡
（P.113）

千鳥繡
（P.114）

飛舞繡
（P.114）

網狀繡
（P.115）

珊瑚繡
（P.115）

羽毛繡
（P.116）

雙重羽毛繡
（P.116）

毛邊繡
（P.117）

扣眼繡
（P.117）

十字繡
（P.117）

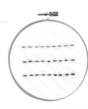

平針繡

針腳長度相同，在布的正面與背面刺繡的刺繡法。

針尖由①出針，②插入，③
同樣將針尖插出布。

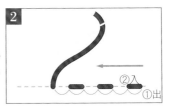

從右繡至左，針腳長度相
等。間隔也要相等。

繡彎曲線時，針腳長度也要
相等。

POINT

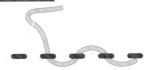

繡完平針繡之後，用別的線以
蛇行般鑽入針腳的繡法，稱為
「接針穿線繡」。

輪廓繡

繡直線或曲線時效果很好的繡法。把線整齊地排列也能作為面繡把面給
填滿。從左繡至右。

從出針的位置往右邊前進1
針的位置上入針。插入針，
返回一半的部分出針。

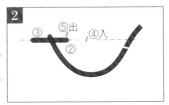

以同樣的方式，將穿入③的
線繡入④中，⑤是將針尖在
②的上方出針。

重覆這動作將線連接起來。面繡時
的作法也相同。

POINT

繡曲線時，針腳繡細一點，才
會漂亮。

回針繡

用相同長度的針腳繡出線條。前進一針後再返回，重覆「回針縫」的作法。

1

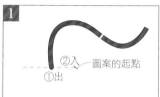

②入——圖案的起點
①出

從圖案的起點到左邊一針的位置上出針，接著在圖案的起點上入針。

2

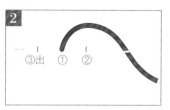

③出　①　　②

①與②、③與①以同樣的長度來運針。

3

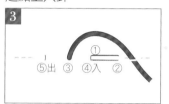

⑤出　③　④入　②

在①針孔上繡入④，重覆此動作。

4

以此繡法運針，能繡出沒有縫隙整齊的針腳。

直針繡

一針即可繡出縱線、橫線與斜線的繡法。用針腳排列的方式來表現圖案的花紋。

1

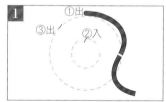

①出
③出　②入

繡花的花紋時，是以雙重圓形的感覺且針腳長度相等，一針一針來運針。

2

逆時針方向運針，繡完一圈即完成。

1

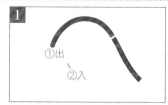

①出
②入

繡草的花紋時，從左至右，一針一針地運針。

2

正中央的針腳很長，能呈現出草生長的感覺。其他也可依創意繡出各種不同的花紋。

鎖鍊繡

如同繡法名稱一樣，以小小的鎖鍊連接在一起的繡法。不只線繡，也可用於面繡。

1

與出針的①同樣的針孔中，將②的針入針挑起1針，在③出針。將線掛在③的針上後拉線，做出圈環。

2

線別拉得太用力，使得圈環大小能一致，做出適當的圓弧狀將鎖鍊連接在一起。

3

最後用直針繡（P.107）將圈環固定住。

POINT

連接圈環的時候，將最後圈環的針鑽入最初圈環的根部。

開放式鎖鍊繡

鎖鍊繡的圈環呈四方開放的繡法。

1

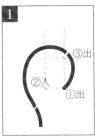

與鎖鍊繡的繡法相同的方式，在②的對角線狀上出針的③的針尖上掛線，做出圈環。

2

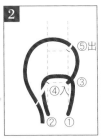

同樣的方式，在對角線狀上入針。

3

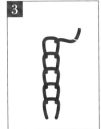

為了將鎖鍊呈四方狀，需注意線別拉得太用力，一邊調整成相同的大小。

4

最後用直針繡（P.107）將鎖鍊的兩腳固定起來。

雛菊繡

繡花瓣或葉片時經常使用的繡法。可依繡法而增加不同的變化。

③出
①出　②入

和鎖鍊繡（P.108）一樣做
出圈環。

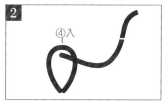

④入

將圈環的上半部用直針繡固
定即完成。

將刺繡呈十字排列，就會變
成小的花紋。

POINT

單以直針繡的長度，即可改變
圈環封閉或開放的印象。

雙重雛菊繡

兩層雛菊繡，繡出更大花瓣的繡法。

繡雛菊繡（圖中是最後用直
針繡作止繡）。

在內側繡小一點的雛菊繡。

內側的雛菊也在上半部用直
針繡固定。

大功告成。

釘線繡

使用兩條線的刺繡。此繡法可玩味顏色搭配的樂趣。

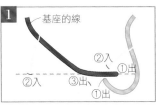

將基座的線沿著圖案繡，另一條線（粉紅）以直針繡（P.107）固定。

POINT

OK　　NG

刺繡的剖面圖。另一條線並不是用捲的，而是壓住基座的線的方式來固定，能夠收尾得很漂亮。

固定線是以相對於基座線呈垂直的角度來運針。

POINT

從背面看布的圖。繡完之後，將止繡線從背面穿出來，依虛線指示鑽入針腳中。

魚骨繡

令人連想到葉脈的刺繡，經常用於花草的表現上。

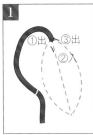

從圖案的頂點出針，以葉脈的感覺斜向運針。

接著在對面的方向斜向運針。

將原本的那一邊以斜向來繡，這時就會產生往內織的葉子尖端的花紋。

重覆此動作即完成。

緞面繡

多用於平面繡上，是直針繡（P.107）的應用繡法。

1

左右對稱的圖案為了繡得平均，從圖案的中間開始繡。

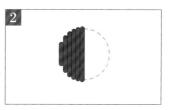

2

半邊繡完的狀態。

3

[布的背面]

將繡完半邊的針在布的背面出針，並將針鑽過線中，在起繡處將針出針於布的正面。

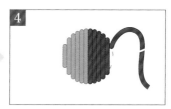

4

剩下的半邊也運針刺繡。全部繡完後，在布的背面出針，在裡線鑽過2～3次針後剪掉線頭。

POINT

填塞平面繡

如果想繡得蓬蓬的時候，一開始先繡平針繡（P.106）。配合圖形作大塊的平針繡之後，就能以覆蓋的方式繡緞面繡。

長短針繡

和緞面繡一樣，經常用於平面繡上。特徵在於繡出有長有短的針腳。

1

沿著圖案的輪廓線開始繡。

2

輪流以長針與短針重覆繡，將圖案填滿即大功告成。

法式結粒繡

表現眼睛、鼻子或圖案中的圓點時，經常使用到的繡法。

1

將針掛線，一邊將針尖往上繞。

2

以防線鬆脫，用手指按著線，一邊將針朝上豎在①旁。

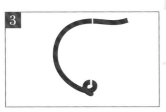

3

線拉緊，將針穿過背面。

4

右上是完成圖。像左下的圖將線捲兩圈變成大結。依拉線的方式，結也會改變。

德式結粒繡

四方形的德式結粒繡。適用於花蕊上。

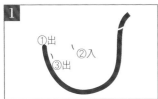

1

旁邊繡一針，在左下方出針。

2

將針鑽過橫線。

3

再一次將針鑽過去。

4

將針鑽過背面，拉緊後即大功告成。

纜繩繡

運用連續繡德式結粒繡（P.112）的方式，呈現立體感的繡法。

斜向繡1針，在③出針。

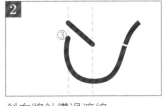

斜向將針鑽過渡線。

再一次將針鑽過去。

重覆①～③的動作，連起來後即完成。

捲線繡

將線捲在針上的繡法。表現玫瑰花瓣的時候也會使用捲線繡。

在圖案的起點出針後，於②的位置上插回圖案長度的針後，再於起點旁的③出針。

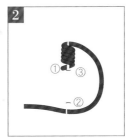

在線上捲線，比圖案捲得稍長一點。

用手指按住捲完的線，將針抽出來。

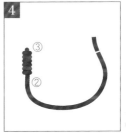

將捲完的線往下拉調整刺繡的形狀，再將針插入②的繡孔中。

113

千鳥繡

上下交互的針目作十字繡的繡法。不僅可繡花紋，也能用於平面繡上。

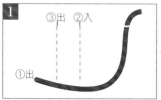

配合圖案依數字順序入針。

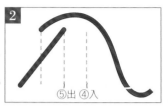

重覆①～⑤的動作，以上下成十字花紋的狀態來運針。

大功告成。

飛舞（羽）繡

如Y字般的圖案，使用於草之類的圖案表現上。

繡Y字的上半部。繡出V字的感覺，將針插入②中，再以斜向於③的位置出針。

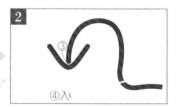

以直針繡的方式，呈Y字狀固定在V的下半部。

POINT

飛舞繡的下半部變短，或以連續的方式來運針，可有許多不同的表現。

網狀繡

在直針繡上捲線，形成蜘蛛網形狀的繡法。

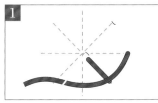

依照直針繡（P.107）的圖案來運針。

在針目的根部出針，再將一針鑽入針目中。

將針鑽入挑起的針目和下個針目中。

以同樣的方式兩針兩針挑起來，刺個幾圈後，就會呈現出圖中的花紋。

珊瑚繡

一邊打結一邊運針的繡法。可使用於花紋和面繡上。

挑起小塊的布，將針尖掛線。

打結的部位按住線，在旁邊同樣再打結。

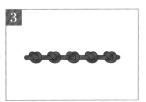

重覆這動作即完成。

繡鋸齒狀的花紋時，需將圖案的角微微地挑起來。

下方的角微微挑起，以同樣的方式將針掛線打結。

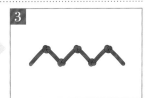

重覆這動作即完成。

羽毛繡

將飛舞繡左右輪流運針的繡法。

PART 3

各種刺繡技巧

1

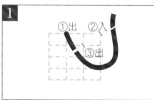

在①出針，在右邊從②至③
往斜下方入針，繡出飛舞繡
（P.114）般的形狀。

2

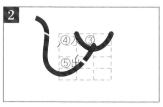

同樣的方式，在左邊從④至
⑤往斜下方出針。

3

左右輪流重覆運針刺繡。

POINT

鑽線時如果弄錯的話，就會打
結，必須要注意。

雙重羽毛繡

以羽毛繡同樣的方向兩次兩次來運針，呈現出動感和量感的繡法。

1

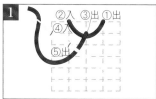

起繡和羽毛繡一樣。（左上
的照片是3個刺繡，步驟圖
是兩個。）

2

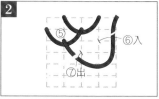

右邊也以同樣的方式繡羽毛
繡。

3

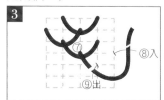

另一邊也接著繡同樣數量的
羽毛繡。

4

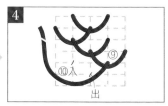

左右輪流重覆繡即完成。

毛邊繡

原本是用於將毛毯的邊縫起來的繡法。縫刺繡布的布邊時也很方便。

1
①出

線穿出起針的部分。

2
③出
②入

在下方②的位置入針,針尖穿出③。要拉一直角。

3

重覆運針刺繡。

POINT

縫到對角線的時候,方式也是一樣。要拉出一直角來。

扣眼繡

為了縫扣眼所誕生的繡法。

1
②入
③出
①出

和毛邊繡相反,針尖朝下出針。

2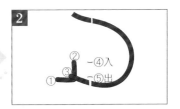
②　④入
①　③　⑤出

等間隔地重覆運針。

3

大功告成。繡得細一點,就有和毛邊繡一樣防止布鬆脱的功用。

POINT

繡角的部分時,將刺繡的內側與外側的寬度稍微調整再連接起來。

117

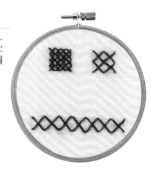

十字繡

十字繡是以「Ｘ」的花紋來繡出所有的形狀。繡花紋或填面時全都用「Ｘ」這一個方式來繡，是新手也能輕鬆挑戰的刺繡。

十字繡不用把圖案印在布上

十字繡是一邊算布紋一邊刺繡運針。基本上縱向與橫向的布紋相同，儘量選擇容易算布紋的布。十字繡跟其他刺繡最大的不同點在於不需要把圖案印在布上。配合圖案和布紋的大小，一邊撿著針目一邊運針。可將1個布紋算為1針，也可將2個、3個布紋算為1針。此外，「Ｘ」紋的運針，不論是先「／」或先「＼」都沒關係。只不過一個作品中用同樣的方式來運針會比較美觀。一起來玩味一針一針填滿圖案的十字繡吧！

CASE 1 橫向運針

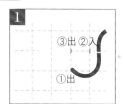 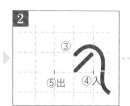 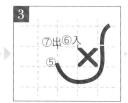 

從布紋的左下角出針，於對角線上的右上角入針。接著在左上角出針，在右下角入針。如此一來就能形成「Ｘ」的形狀，重覆此方式來運針。

CASE 2 縱向運針

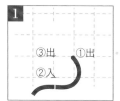  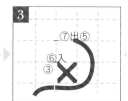 

從布紋的右上角出針，於對角線上的左下角入針。接著在左上角出針，在右下角入針。如此一來就能形成「Ｘ」的形狀，重覆此方式來運針。

CASE 3 橫的方向來回刺繡

1
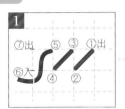

2
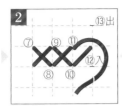

3
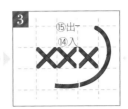

4

如圖，先全部橫向繡「／」之後，再連續繡「＼」。上方的區域也是以同樣方式運針。

CASE 4 縱的方向來回刺繡

1
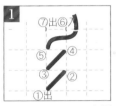

2
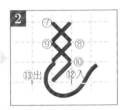

3
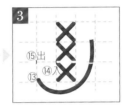

4
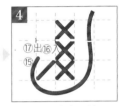

如圖，先全部橫向繡「／」之後，再朝下連續繡「＼」。旁邊的區域也是以同樣方式運針。

CASE 5 往斜上方運針

1
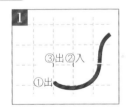

2
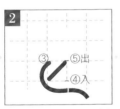

3
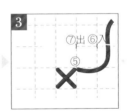

4
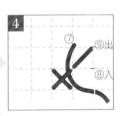

從布紋的左下角出針，於對角線上的右上角入針。接著在左上角出針，
在右下角入針。再度於布紋的右上角入針，朝右斜上方運針。

CASE 6 往斜下方運針

1
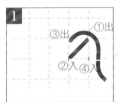

2
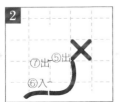

3

從布紋的右上角出針，於對角線上的左下角入針。接著在左上角出針，
在右下角入針。再度於布紋的左下角入針，朝左斜下方運針。

線頭的處理

線橫向排列時

線縱向排列時

圖是布的背面。線橫向排列
時呈螺旋狀纏繞，縱向排列
時橫向鑽入線。

改變線的顏色，印象也會變化

改變顏色營造出自己的風格

本書所介紹的作品幾乎使用到各種不同顏色的繡線。改變線的顏色也是刺繡的樂趣之一，單靠線的改變輕鬆轉變作品的氛圍。

將書中所刊載的圖案改變成自我風格的顏色，更能增添樂趣。請各位務必用不同顏色的線挑戰看看哦！

彩色也可改成單一色調

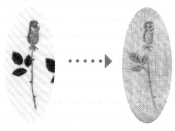

將紅色玫瑰（P.40）改成灰色調，呈現素雅感

改成自己喜歡的顏色

將茶色的兔子（P.40）改成白色兔子，眼睛變得更紅

POINT

將圖案反轉也OK

依刺繡的部位，有時也會有「把這圖案反轉可能比較適合」的想法。透過圖案反轉、放大或縮小，也會增加刺繡的變化哦！

文字（圖案是P.84）易於改成喜好的顏色，放輕鬆來挑戰看看吧！

PART
4

享受更多刺繡
的樂趣

本書所介紹的刺繡，實際上要刺在哪裡
才會看起來很棒呢？快來看看編排刺繡
的重點提示。

絕佳的刺繡編排

從基本配置到有點變化的地方，刺繡端看所呈現的部位，可以怎麼看都好看哦！

單一刺繡的周邊需留白

基本上，在刺繡的部位周邊留下適當的空白，就會整個變得很漂亮。如右圖一樣，在繡框所框起來的範圍內刺繡，就會避免失敗了。

下方是封面所介紹的作品留白尺寸。在四個角往內留下2～4cm左右的空白位置，就能達到良好的視覺平衡。

襪子或小包包就繡在正中央吧！

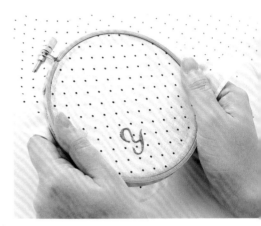

選擇刺繡框的大小，最好以兩手可以掌握的範圍最適宜。

封面介紹的作品案例

繡在正中央！

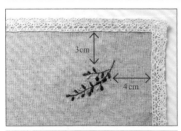

3cm
4cm

午餐墊（P.6）

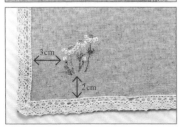

3cm
2cm

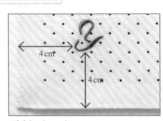

4cm
4cm

手帕（P.8）

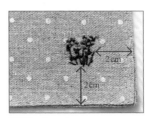

2cm
2cm

杯墊（P.6）

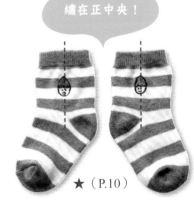

★（P.10）

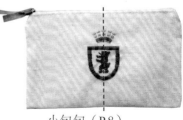

小包包（P.8）

2 相同圖案也會因不同配置呈現不同風貌

右圖的作品其實使用的是相同的圖案。譬如說，雖然本書只介紹一種麻雀的圖案，但若增加成兩隻，而且是左右反轉的配置，隨著配置的不同就能創造出無限的變化。

◆作品製作：Stella Syndicate

改變麻雀和酢漿草的配置
（圖案是P.40）

3 在編排上多一點巧思，就能改變喜歡的衣服風格

將單一刺繡的圖案繡在衣服上是很有趣的事。將圖案繡在顯眼的地方吧！

◆作品製作：荒木聖子（白襯衫兩個）、HAGIREIRO（動物繡片的衣服）

胸口是一定要的…

口袋上的訊息圖案

一般是在胸口上繡一個圖案

兩個刺繡的距離有特別設計

在稍微不一樣的地方刺繡也 OK ！

針織外套的下擺悄悄地刺一個圖案

大膽地刺在白襯衫的前面

將訊息圖案或花紋等圖案，像是T恤一樣大膽地繡在胸前也OK！如同P.13，繡在白色衣領上也別具風味哦！

設 計 喜 愛 的 話 語

本書介紹了大量的文字。用這些文字組合搭配，嘗試製作適合每個場景的單字吧！

合作：EarlGray

英文單字的製作方式

這裡是將P.88～89的英文字母連接起來製作單字或名字的方法。也建議可將單字組合搭配，作為訊息。

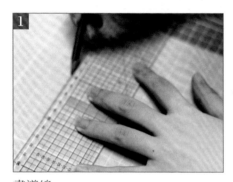

畫導線
在描圖紙的下面畫出導線，使單字的下方能排列整齊。

描摹想製作的單字字母
在導線上，一一複寫單字的英文字母。必須留意讓文字的間隔相等。

圖案完成
完成法文的意思是「友情」的單字。如此一來便能以這個單字為圖案，開始刺繡。

重點建議

這個方法也能製作平假名的句子或名字！

P.85也介紹了平假名的圖案。以同樣的方法製作圖案，很適合作為孩子的名字刺繡哦！

2 花體字的製作方式

花押字是組合兩個字母以上作為記號的文字。代表性的有名牌路易斯威登的「LV」的標誌。將名字的頭文字重疊起來，就能創造出獨創的花體字。

描摹第一個字母

選出英文字母中的一個字，描摹在描圖紙上。圖中是在描摹「I」的字母。

觀察重疊複寫字的圖案平衡

接著選出欲重疊的英文字母，挪移描圖紙並觀察平衡來決定設計。

複寫另一個字母

決定好組合的位置後，將另一個英文字描在描圖紙上。

獨創的花押字大功告成

如此一來便完成「I」和「Z」的花體字。作為獨創的標誌繡在手帕等自己的物品上吧！

復習重點

圖案的描摹方式

將描圖紙放在布上，中間放入轉印紙，用轉印鐵筆來描。疊上玻璃紙較不容易弄傷圖案。

將布和描圖紙用紙膠帶之類的固定住。

用轉印鐵筆描轉印紙。

用 刺 繡 留 下 回 憶

熟悉刺繡的技巧後，或許會把身邊的人、事、物都看成是刺繡的圖案哦！所以孩子的成長也能用刺繡留下美好的回憶。

合作：kawazoe miho

 ## 將孩子畫的圖繡下來

孩子的塗鴉是孩子當時的年紀與那一瞬間才會留下來的珍貴記憶。不只是保存下來，還可以一針一針繡下來，回憶也會加倍哦！

選擇想繡的畫
先從孩子所畫的圖畫中，選出想繡的畫。順帶說明，這張畫是作家的女兒所畫的自畫像。

影印下來畫成圖畫
可以直接使用孩子所畫的圖畫的影本，若圖案太複雜，則先用描摹下來再畫成圖案。

刺繡完成
繡在喜好的布上。主要是以輪廓繡來運針，沿著孩子所描繪的線條，將圖畫重現出來。

重點建議

唯有孩子才能創造出自由奔放的線條

孩子們的圖畫重點，是著重在線條的天真浪漫。就算缺了什麼，或畫得不整齊也不要替孩子補上或修正，耐心地繡下去，才能表現孩子們的童真。也可以送給阿公、阿嬤當禮物哦！

2 來繡人像畫吧！

作為把家人的回憶留下來的方法之一，要不要繡看看孩子的人像畫呢？

STEP 1 準備照片

準備刺繡用的照片。儘量選擇輪廓和臉部五官清楚的正面照。

這次準備的是雙胞胎的女生和男生的照片。

STEP 2 畫成圖案

看著照片一邊畫下來。儘量畫成簡易化的人像畫，之後刺繡時也會很順暢。

雖然對畫圖沒有自信，但想繡得精細一點的人，也可以直接把照片描摹下來運針刺繡。

STEP 3 刺繡完成

把圖繡在喜愛的布上即大功告成。

臉的輪廓是回針繡，頭髮、眼睛、眉毛和嘴唇是用緞面繡來收尾。可以把人像更簡化，作為孩子用品的標誌，繡在物品上，會更有趣哦！